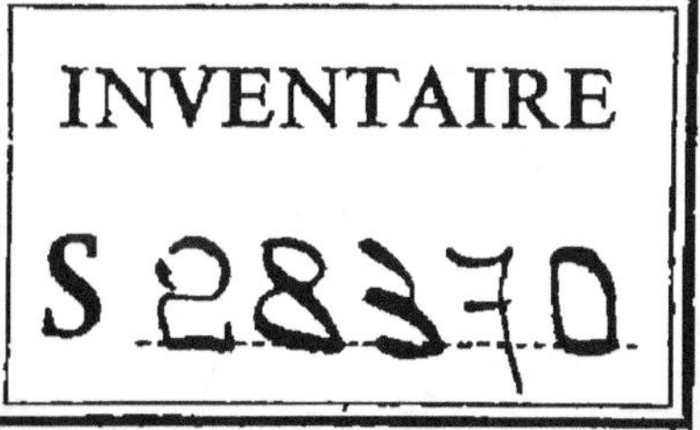

DANIEL HEINSIUS

ÉLOGE

DU POU

Traduit du latin

PAR

VICTOR DEVELAY

PARIS

Librairie des Bibliophiles

Rue Saint-Honoré . 338

M DCCC LXX

ÉLOGE

DU POU

I

TIRAGE :

10 exemplaires sur papier de Chine
5oo   —   sur   papier   vergé
______

5io exemplaires.

Droits réservés.

DANIEL HEINSIUS

ÉLOGE DU POU

Traduit du latin

PAR

VICTOR DEVELAY

PARIS

Librairie des Bibliophiles

Rue Saint-Honoré, 338

M DCCC LXX

Le célèbre Daniel Heinsius, dans une dissertation savante, a immortalisé le héros à plusieurs pieds que les Grecs nomment φθείρ.

GASPARD DE BAERLE.

AUX PÈRES CONSCRITS

ÆS MENDIANTS

ÉLOGE

DU POU

ÈRES conscrits des mendiants, les anciens ont déclaré avec autant de vérité que d'esprit que l'opinion est une maladie incurable. Son influence est si grande que, pour peu qu'elle ait effleuré quelqu'un, elle le tient comme enchaîné et ne lui permet pas de lever les yeux vers la lumière de la vérité. Mais ce qu'il y a de plus regrettable, c'est qu'une fois qu'elle s'est introduite dans les tribunaux où se plaide la vie des mortels, elle dirige les suffrages et les arrêts et fait peser sur l'une des parties tout ce qu'elle s'est imaginé; que dis-je! elle se met à la place du juge. Quel est l'homme assez dépourvu de bon sens pour ne pas reconnaître la preuve de cette influence dans la cause de l'accusé?

Le pou, cet animal fameux que tout le monde connaît, cet hôte domestique de l'homme, né de l'homme qui l'a engendré, nourri dans ses foyers, qui partage sa fortune, ses pénates, tout ce que sa famille a de sacré, votre compagnon le plus fidèle, on se plaît à l'écraser, on le couvre jusqu'à présent du plus profond mépris, on ne lui interdit pas seulement la terre et l'eau, on le chasse du seul asile où il puisse vivre et prospérer, du corps humain. Si l'on cherche la cause d'une pareille conduite, on n'en trouvera pas d'autre que l'opinion. Il importe donc au salut de l'accusé que je la détruise complétement dans votre esprit. La meilleure manière de vous le recommander est de vous faire connaître ses qualités.

On lui reproche en premier lieu d'avoir un nom infâme. Juste ciel! oserait-on nier qu'il dérive d'une partie très-honnête? De *Pedis* qu'il se nommait d'abord, par une imitation du langage de la tendresse et de l'amour, on a fait avec raison *Pediculus*, mot tout aussi chaste que *Œdipus* ou *Polypus*, où se trouve la même consonnance. Voyez quelle est la force de l'opinion et sachez une bonne fois ce qu'elle vaut. Il n'y a aucun déshonneur à dire la montagne des Pédicules, le peuple pédicule, le territoire ou le fleuve

des Pédicules. Je ne parle pas
des pédoncules des feuilles et
des fruits. Il est bien évident
que les Romains ne leur ont
pas épargné l'éclat et la magni-
ficence des noms, puisqu'ils les
ont appelés *Serpentes* et *Sexu-*
pedes. Et encore moins les
Grecs, qui leur ont donné entre
autres une dénomination em-
pruntée au cerveau de l'homme,
ce laboratoire de l'intelligence.
Les Hébreux les ont appelés du
mot expressif *canan,* qui veut
dire fonder (d'où vient *can,* qui
signifie base, pied ou fondement),
soit parce que leur exiguïté les
met au bas de l'échelle des animaux, soit parce qu'ils s'ap-

puient sur plusieurs pattes, comme sur une base. La nation la plus ancienne les a donc nommés *cinnim*. Les Grecs, qui ont traduit les Livres saints, les nomment σκνίπες, non en les confondant avec d'autres insectes, mais, comme nous l'avons toujours pensé, à cause de leur dimension, parce que σκνιπός signifie menu ou petit. C'est aussi en raison de l'exiguïté de son corps, qui est pour ainsi dire tronqué, que les Chaldéens ont donné à cet animal le nom de *cimlin*, et les Arabes, celui de *camla*.

Ils n'ont point à rougir de ces dénominations, puisque le

courage excuse ou rehausse la petitesse du corps. Tout le monde admire celui des fourmis, auxquelles les anciens attribuent également une sagesse profonde. Les nôtres, lorsqu'ils attaquent le corps humain, ne montrent pas moins de bravoure. On peut dire de chacun d'eux ce que le prince des poëtes a dit d'un héros fameux : *Tydée était petit de corps, mais grand par sa vaillance.*

Du reste, l'accusé n'a jamais eu souci du nom qu'on peut lui donner. Cette louable indifférence, il l'a puisée dans la barbe et les sourcils des stoïciens, où il vivait autrefois.

Les orateurs et les philosophes sont généralement redevables à leur patrie de la source et du principe de leur gloire; Platon l'a démontré dans son *Ménexène*; notre accusé n'est origi-naire ni d'Athènes ni de Rome, deux villes dont de grands ora-teurs ont célébré les louanges à satiété; l'homme est la patrie du pou. Il serait absurde et insensé de faire ressortir la gloire et les avantages d'une telle origine. De même que l'homme seul est doué de la raison, la raison a établi son siége dans la partie la plus noble et la plus élevée du corps humain, c'est-à-dire la tête. Le pou l'a choisie à bon droit comme une citadelle qui, assurément, n'est point à dédaigner. C'est là qu'il naît et qu'il grandit ; c'est là qu'il fonde et qu'il consolide ses richesses. Il en est l'habitant et le citoyen.

Certes, il n'a pas choisi la plus mauvaise part. Un poëte très-ancien a dit avec beaucoup de sens qu'il n'y a rien de meilleur qu'un bon voisinage ; le pou a pour voisins et presque pour familiers, l'esprit, l'intelligence, la raison et la sagesse. L'âne, cet animal inintelligent et stupide, qui est à cent lieues d'un pareil voisinage, est aussi le seul, dit-on, qui ne connaisse pas les poux. Au contraire, ces

insectes pleins de sagacité re-
cherchent ardemment, après
l'homme, le chien, le premier et
le plus merveilleux des animaux,
ainsi que le rossignol, parce
qu'ils les savent doués d'une intelligence supérieure. C'est pour
ne pas démentir ce qu'Homère a
dit et ce qu'Aristote a répété :
qu'ordinairement ceux qui se
ressemblent s'assemblent. Platon
est le seul à qui l'antiquité, en
raison de la beauté de son génie,
a donné le surnom de divin ; ses
poux sont passés en proverbe.
Je ne dis rien de Phérécyde et
d'Alcman, qu'ils ont accompagnés jusqu'au trépas. Ce sont
les plus nobles qui résident sur

la tête. *La plèbe habite en divers lieux.* Ils établissent, autant que possible, des colonies partout, dans les vêtements, dans les sourcils, dans la barbe. D'ailleurs ils ne sont pas tous de la même famille et de la même forme.

Si l'on envisage leur antiquité, on les suit sans interruption, en remontant depuis Érechthée et Cécrops jusqu'au temps de Deucalion. Aussitôt qu'un souffle humain eut réchauffé la pierre, notre accusé provint de cette chaleur. Aussi a-t-il toujours pensé qu'il était de la plus haute importance pour lui de se préserver du froid. Or, puis-

que la pierre a formé l'homme
et que l'homme a formé le pou,
l'origine de celui-ci est d'autant
plus noble que l'homme est su-
périeur à la pierre et au rocher.
Aristote attribue sa naissance à
la chair et Théophraste au sang.
Personne n'ignore que ce sont
là les deux parties les plus im-
portantes et les plus nobles du
corps humain. Ils ajoutent, il est
vrai, qu'il est le produit de la
corruption, et nos barbares de-
mandeurs s'imaginent, en se
servant de cette arme, accabler
l'innocence. Ne souffrez pas,
Pères conscrits, que, devant
votre tribunal, l'ignorance l'em-
porte sur la vérité, au détri-

ment de l'accusé. Si cela continue, il en arrivera autant à l'homme, autant à tous les animaux. De même que la semence provient de la corruption du sang, l'homme et les autres animaux naissent de la corruption de la semence. Quoi de plus beau que le paon? il naît de la corruption d'un œuf. Qu'y a-t-il de plus sage que les abeilles, de plus joli et de plus utile au genre humain? elles naissent de la corruption d'un bœuf. La nature ne produit qu'à la condition de corrompre, et c'est à cette condition qu'elle conserve toutes choses. C'est pour cela que Pythagore a fort bien dit que tout change et que rien ne périt. N'est-ce pas, en vérité, une chose surprenante que les deux animaux les plus célèbres, le pou et le phénix, naissent de la même façon, l'un des cendres de son père, l'autre d'une lente. Aussi est-ce avec raison que les écrivains les plus distingués confondent leur origine. Mais si vous croyez avec Aristote que rien ne peut provenir d'une lente, vous attribuerez la création du pou au suppléant de la Divinité, à la chaleur universelle, que les Arabes ont nommée avec raison la puissance créatrice, et qui, pour faire éclore cet animal, se joint à la chaleur naturelle.

Maintenant, si l'on examine son éducation, aussitôt que le pou a ouvert les yeux à la lumière, il cultive les arts qui lui paraissent le plus utiles à son genre de vie. Il n'apprend pas à nager, vu qu'il habite sur le continent; il néglige les lettres et les sciences, car il voit qu'elles parviennent rarement à rendre les docteurs vertueux. Presque toujours occupé de sa famille et de ses affaires domestiques, tout le temps que lui laissent le soin et l'exercice du manger il le donne au repos et à la contemplation. Par la douceur de sa vie il égale presque les dieux d'Homère, *dont la vie est exempte d'efforts.* En effet, les aliments qui servent à sa subsistance il ne les cherche pas, il les a tout préparés; en quelque endroit qu'il aille, il trouve table mise sans cérémonie. Les poux ont un autre trait de ressemblance avec les divinités d'Homère : *Ils ne mangent pas des productions de la terre et ne boivent pas de la liqueur de Bacchus.* Ils ne travaillent ni ne labourent la terre; ils piquent et sucent délicatement la chair humaine.

Si l'on examine l'organisation de leur corps, elle est presque imperceptible à l'œil. Dans la structure de leurs membres, la nature a déployé une adresse si merveilleuse que, pour en saisir le mécanisme, il faut le secours de l'intelligence et non de la vue. Ils ressemblent en quelque sorte aux êtres incorporels qui, par leur sublimité, échappent aux sens et ne sont accessibles qu'aux lumières de la raison. Ils se confondent même avec les atomes à l'aide desquels anciennement l'architecte Leucippe et les artisans Démocrite et Épicure ont construit l'univers. C'est pour cela que le poëte romain, ami d'Épicure, a nommé ces atomes *molécules de la matière, éléments, principes des choses, matière.*

Le pou se rapproche beaucoup du ciron, connu d'Aristote, dont le nom est à peu près semblable au sien ou a du moins la même étymologie. Il ne peut être ni divisé ni partagé; il est presque invisible. S'il frappait les yeux et que vous pussiez apercevoir je ne dis pas son corps, mais chacun de ses membres, et notamment ses pattes, vous verriez immédiatement le crochet pointu et léger des atomes.

Le pou a adopté un genre de vie calme et tranquille. Il ne vole pas comme l'oiseau, il ne saute pas comme la puce; il est grave et posé comme l'exige la dignité de sa vie. Il marche d'un pas lent et mesuré, et ce qu'il paraît estimer surtout dans la philosophie, c'est le silence de Pythagore. En effet, le bruit est le plus grand ennemi de l'application de l'esprit, et une application non interrompue dépasse assurément la félicité humaine. Toutefois le pou ne reste pas sans rien faire, car il est toujours à manger.

Aristote a dit avec raison que l'homme est un animal sociable, et que cette qualité forme la base des États et des républiques. Cette vérité s'applique surtout aux poux; il faut ne pas les connaître pour en douter. Ils vivent fort bien en société entre eux et avec l'homme. Quant à la forme de leur gouvernement, il est difficile de la définir; on sait seulement qu'elle ne s'écarte pas du régime populaire. Chez eux le nombre fait loi, et, sous le rapport du jugement et de la dignité, ils ne sont pas inférieurs à la populace. A la guerre, ils marchent par pelotons plutôt qu'en coin. Ils ne se battent pas entre eux comme font les hommes dans leur rage insensée, c'est l'homme lui-même qu'ils attaquent, et très-souvent ils en triomphent.

Néanmoins ils lui vouent une amitié constante, et même ils le surpassent en fidélité. On le sait :

*Quand le tonneau est épuisé jus-
qu'à la lie, les amis disparaissent
et refusent de s'associer au mal-
heur.* Le pou, lui, reste éternelle-
ment. Il ne va pas au-devant de la
fortune, il ne fuit pas si elle se re-
tire. Telle est la générosité de son
caractère que l'adversité, c'est-
à-dire votre situation, lui plaît
par-dessus tout. Il est le compagnon, le courtisan de la pauvreté. *Il évite le Forum et les
palais des grands.* A l'exemple
de Scipion, qui, au dire des anciens, n'était jamais plus occupé
que lorsqu'il n'avait rien à faire,
je suis convaincu, Pères conscrits, que vous n'êtes jamais
moins seuls que lorsque vous

vivez enchaînés dans la solitude d'un cachot ; vous avez des compagnons inséparables et dévoués qui vous suivent jusque sur le gibet. Les plus fidèles sont ceux que l'on nomme *mor-pions*, et qui habitent ordinairement les parties génitales, les aisselles, la barbe et les cils ; quel que soit l'endroit qu'ils aient envahi, ils y restent jusqu'à leur dernier soupir. Quant aux autres, ce que je vais en dire est tellement surprenant qu'on aura peine à le croire. Des auteurs célèbres rapportent qu'au moment où les Grecs allaient s'emparer de Troie, les grands dieux et les Pénates protecteurs de cette ville l'abandonnèrent ; ainsi font les poux : sitôt qu'ils sentent que quelqu'un doit mourir, ils délogent tous. Les médecins expérimentés et les philosophes ne s'y trompent jamais. Aussi beaucoup de gens les considèrent-ils comme des devins et des animaux merveilleux.

A voir l'exiguïté de leur taille, vous croiriez que leurs exploits sont minimes ou nuls. *Mais dès que vous aurez lu les faits héroïques de leurs pères, et que vous connaîtrez leur vaillance,* vous changerez d'avis. Soit, comme je le pense, par une modestie naturelle, soit qu'absorbés par d'autres préoccupations, ils dédaignent les récits de l'histoire, les poux, à l'inverse des hommes, dissimulent leur gloire et leurs actions d'éclat. Sylla, oui Sylla, le maître du monde, le chef des Romains, qui battit deux fois Marius et deux fois Mithridate, qui prit Athènes d'assaut et la détruisit, qui mit l'Italie à feu et à sang, ils fondirent en masse sur lui. Je ne parle pas des Arnolphe, des Antiochus; des Hérode, des Maximinien, des Phérétime, des Honorius, des Cassandre, tous rois ou empereurs; je ne dis rien des particuliers contre lesquels ayant combattu sans armes ni soldats, ils ont remporté la victoire la plus éclatante. Par conséquent, si je puis porter un jugement, l'accusé peut dire de lui avec raison :

Je suis le pou, vainqueur des hommes et
des rois ;
Thémis, pour les punir, du pou seul a fait
choix.

J'aurais mis ces vers en latin, si le pou n'était ennemi de la poésie des Romains ; il aime mieux les Grecs, et pour cause.

Du reste, tous ceux à qui il a affaire, il les traite généralement avec douceur et bonté. Il n'écorche, il ne blesse personne ; il chatouille, à moins de diriger contre quelqu'un une attaque en forme. En cela, comme le dit judicieusement Socrate dans le

Phédon, on ne sait s'il n'y a pas plus de plaisir que de douleur, et en admettant même qu'il y ait de la douleur, toujours est-il qu'il en résulte du plaisir.

Ce chatouillement, Pères conscrits, vous procure une si douce jouissance que je le considère comme le principal et le plus agréable assaisonnement de votre pauvreté et de votre misère. J'ai vu souvent avec quelle délectation vous vous grattez tantôt les reins, tantôt la tête, tantôt les flancs ou telle autre partie du corps que votre hôte picote légèrement. Si le plaisir, suivant le témoignage de Platon, con-

siste dans une jouissance com-
plète, il naît de la privation; or
la cause de ce plaisir inouï que
vous éprouvez en vous frottant,
à qui la devez-vous sinon à cet
être que vous accusez? Chose
plaisante! chaque fois que vous
vous grattez la tête et que vous
vous frottez les membres, au
lieu de le détruire, vous le faites
naître. Les philosophes peuvent
vous expliquer la cause de ce
phénomène. Bien plus, ils servent de médecins. De l'aveu
même des princes de la méde-
cine, les têtes qu'ils envahissent
sont saines et parfaitement con-
stituées.

Devant la mort, quelle fer-

meté, bons dieux ! quelle pré-
sence d'esprit ! Souvent, au moment de terminer sa carrière,
placé sur le peigne où il finit ordinairement ses jours, il marche
d'un pas tranquille, sans le moin-
dre trouble, pour ne point démentir la dignité de sa vie pas-
sée, et ne pas imprimer une
tache à sa réputation. On re-
connaît là le souci des âmes
grandes et supérieures. César
Auguste souhaita, dit-on, *une
belle mort*, c'est-à-dire une mort
facile et prompte. Le pou seul,
à mon avis, l'obtient. Il n'est pas
accablé de maladies lentes ou ai-
guës ; il ne souffre ni des flancs,
ni des reins, ni de la vessie. J'i-

magine qu'au jour de sa naissance, Vénus occupait dans l'ho-
roscope la huitième maison, ce
qui, comme le prouvent nette-
ment les astrologues, assure à
la race mortelle, parmi laquelle
l'accusé ne tient pas le dernier
rang, une mort subite et exempte
de toute souffrance. Un coup de
pouce, et le voilà anéanti. Il
n'est à plaindre que parce que
son sort est immérité. Encore
n'est-ce pas une raison pour le
dire malheureux. Nul n'a le
droit de traiter de malheureux
l'innocent persécuté. Socrate l'a
déclaré, dit-on, avant de mourir,
alors que ses amis s'affligeaient
de voir un si excellent homme

puni injustement. Comme la plupart d'entre eux périssent de mort violente, on les enterre sans pompe, sans cérémonie, sans crieur, et, privés de l'éclat des funérailles, ils sont jetés dans la fosse plutôt qu'inhumés. D'autres succombent avant leur majorité, sans avoir pris la robe virile, et meurent intestats. Mais ces cas sont rares. D'ailleurs qui peut se flatter de jouir de tous les avantages? L'homme le plus versé dans toutes les scien-ces, Homère, si l'on en croit les Grecs, ne put expliquer le secret de sa propre nature, et, dans l'impuissance de résoudre ce grand problème, il mourut de chagrin. Quant au châtiment qui les frappe, il a été blâmé comme indigne par quelques personnes, notamment par les grammairiens, qui, loin d'en vouloir à l'accusé, ont toujours été pour lui des hôtes bienveillants et des amis.

Mais, vous, Pères et princes des mendiants, songez bien à la portée de vos arrêts dans l'avenir. Si vous tenez à punir l'accusé, vous pouvez le condamner au bannissement ou à l'exil. Vous pouvez ou reléguer les poux sur une terre étrangère, ou, suivant votre bonté habituelle, les transplanter, comme une marque d'honneur, par un choix intelligent, sur un autre où ils mèneront la même vie qu'auparavant et ne feront que changer de place. Le cas n'est pas sans exemple, et il n'est jamais trop tard pour prendre une bonne résolution dans une affaire importante. Vous n'ignorez pas que les Indiens, eu égard à la secte des Gymnosophistes, ont passé pour les plus éclairés des mortels et presque les seuls sages. Il existe chez eux un pays nommé Bancana, qui fait partie actuellement du royaume de Guzzarate. Les habitans de cette contrée, comprenant presque seuls la supériorité et les mérites de cet admirable animal, le soignent tant qu'ils peuvent, et lui accordent l'hospitalité. Du reste, comme il est d'une fécondité surprenante, dès que sa progéniture commence à se répandre *avec les enfants de ses enfants et ceux de ses petits-enfants,* ils font venir un prêtre du fond de sa retraite, lequel, les prenant dans ses saintes mains, les place sur sa tête et les élève ensuite avec le plus grand soin. Il y en a qui les déposent et les cachent dans des murs en ruines. Si quelqu'un cherche à tuer ces insectes devant eux, ils le conjurent avec larmes de ne point commettre un si grand crime sous leurs yeux. Reste-t-on sourd à leurs prières, ils rachètent à prix d'or la vie de chaque pou et payent sur-le-champ. Les Juifs, les plus intelligents des mortels, partagent cette manière de voir. Au dire de leurs sages, *celui qui tue un pou le jour du sabbat* est blâmé. Les chercher à la lueur des flambeaux qu'on allume ce jour-là, est regardé par eux comme un crime.

Si ces détails vous sont restés inconnus, qu'ils vous touchent du moins maintenant, et qu'ils vous frappent d'une crainte religieuse. Ayez pitié d'eux, au nom des ombres et des mânes de ceux qui ont été victimes de votre cruauté. Grâce pour des malheureux, des suppliants, des vaincus, vos frères et vos proches, nés de vous, élevés par vous ! Ils vous aiment, ils vous suivent, ils s'attachent à vous, ils sont prêts à partager avec vous la bonne ou la mauvaise fortune. Prenez garde, en écoutant seulement l'opinion sur ce point comme sur le reste, de vous écarter à cent lieues de la vérité, et en n'épousant que votre croyance de la couronner par un crime.

OCCVPA PORTVM
JOUAUST
IMPRIMEUR
RUE St.
HONORÉ
338

BIBLIOTHÈQUE
RÉCRÉATIVE

Contes, lettres, dialogues, satires, facéties des XVIe, XVIIe, XVIIIe siècles, écrits en français ou traduits du latin, publiés par V. Develay.

Éditions diamant, petit in-32, imprimées sur papier vergé. — Tirage à 5oo exemplaires, plus 1o sur papier de Chine. — Plusieurs ouvrages sont accompagnés de vignettes.

EN VENTE :

JEAN SECOND, *Les Baisers* . . .   2 fr.
— *Julie*, poëme.   3
— *Les Amours*.   2
ERASME, *Le Congrès des femmes*.   1
— *La Fille ennemie du mariage et repentante* .   2
— *Le Mariage*   2
— *Le Jeune Homme et la Fille de joie*.   1
— *L'Amant et la Maîtresse*.   2
BOUFFLERS, *Aline, reine de Golconde*.   2
SÉNÈQUE, *Apocoloquintose*. . .   2
SALLUSTE, *Lettres à César*. . .   2
PERSE, *Satires*.   3
HEINSIUS, *Éloge du Pou*. . . .   1 5o

Sous presse. — *Dialogue très-facétieux et très-salé*, d'Ulric de Hutten. — *Lettres des hommes obscurs*. — *Grisélidis*, de Pétrarque — *Les Funérailles du Parasite*, de Nicolas Rigaud.

————

Le latin n'a pas toujours été, comme aujourd'hui, seulement un objet d'étude et de curiosité ; c'était encore, au XVIᵉ siècle, la langue de certains lettrés, et plus d'un ouvrage intéressant, écrit alors en latin, serait perdu pour la plupart des lecteurs modernes, si l'on ne songeait à en donner parfois des traductions.

Erasme occupe le premier rang parmi les écrivains néo-latins ; nul mieux que lui n'a su assouplir la langue morte aux exigences des idées nouvelles, et jamais chez lui la difficulté de ce travail n'a rien ôté à l'élégance du style ni à la vivacité de la pensée. Aussi est-ce à lui que nous avons demandé bon nombre des curiosités littéraires que nous publions aujourd'hui. Nous avons donné tous nos soins pour que la traduction rendît, autant qu'il était en nous, le charme et la grâce de l'original.

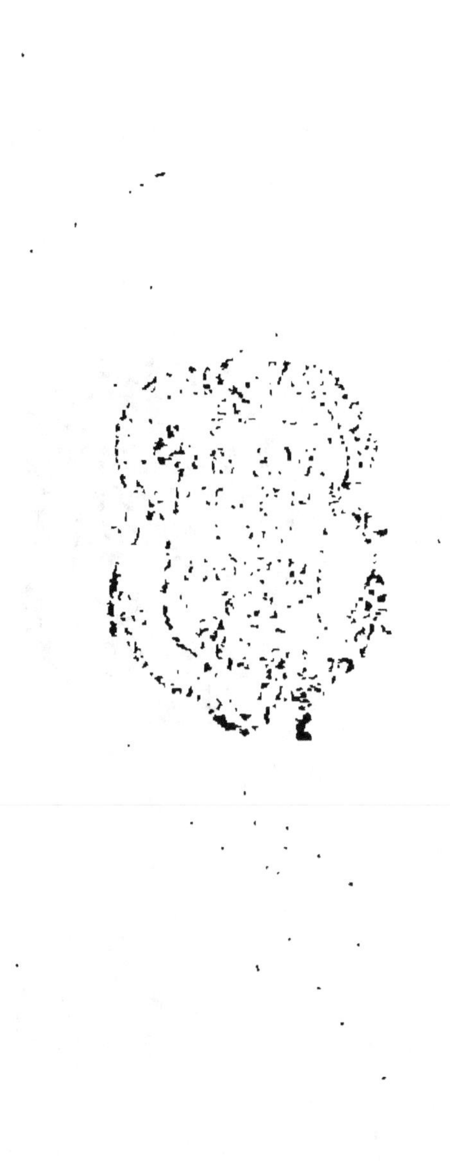

BIBLIOTHEQUE NATIONALE DE FRANCE
3 7531 00830453 8